广东电网公司
安全生产管理信息系统
应用手册

变电检修分册

广东电网公司 广东电网公司江门供电局 编著

U0301530

中国电力出版社
CHINA ELECTRIC POWER PRESS

内 容 提 要

安全生产管理信息系统可实现安全管理、生产技术管理、调度管理、综合管理等业务层管理，同时还可为管理层提供综合查询、统计、指标管理等功能，真正为决策层提供支持，提升管理水平，促进企业效能提升、效率提高、效益增加。为加深公司基层班组对安全生产业务的理解，提高使用安全生产管理信息系统的操作水平，特组织编制本手册。本手册按专业分为变电运行分册、变电检修分册、继保自动化分册、输电专业分册、试验专业分册、调度专业分册、通信专业分册共 7 分册。

本书为变电检修分册，全书共分 4 章，主要内容包括引言、系统通用功能介绍、核心业务流程及功能介绍、数据质量要求。

本书可供广东电网公司生产、管理人员使用，也可供相关人员参考。

图书在版编目（CIP）数据

广东电网公司安全生产管理信息系统应用手册. 变电检修分册 / 广东电网公司，广东电网公司江门供电局编著.—北京：中国电力出版社，2015.1

ISBN 978-7-5123-6466-0

Ⅰ. ①广… Ⅱ. ①广… ②广… Ⅲ. ①电力工业－安全生产－管理信息系统－广东省－手册②变电所－检修－安全技术－广东省－手册Ⅳ. ①F426.61-62

中国版本图书馆 CIP 数据核字（2014）第 217196 号

中国电力出版社出版、发行

（北京市东城区北京站西街 19 号　100005　http://www.cepp.sgcc.com.cn）

北京九天众诚印刷有限公司印刷

各地新华书店经售

＊

2015 年 1 月第一版　　2015 年 1 月北京第一次印刷

850 毫米×1168 毫米　32 开本　2.125 印张　53 千字

印数 0001—2000 册　定价 **10.00** 元

编 委 会

主　任　彭炽刚

副主任　欧郁强　　蔡德华　　赵永发

编　委　周　睿　　邱玩辉　　冯伟新　　闻建中

　　　　　杨　玺　　徐　平　　刘卓明　　马承志

　　　　　黄茂光　　梁广宇　　张贤超　　邓荣辉

　　　　　黄耀升　　王　锋

本册编写人员

陈积会　　裴运军　　谢悦基　　陈　昕　　李海贤

目　录

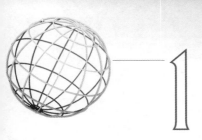

1 引 言

安全生产管理信息系统是利用计算机技术、通信技术、信息技术等实现电网安全生产业务的信息化平台，广东电网公司自2005年开展安全生产管理信息系统试点建设及推广应用以来，以"管理制度化、制度流程化、流程表单化、表单信息化"、理念开展系统建设和完善，结合信息化的手段，实现对安全生产工作的综合管理，为体系建设提供信息化支撑。目前系统已固化公司安全生产一体化管理手册及生产班组一体化工作手册成果，业务范围已覆盖公司本部、地市供电局和县级供电子公司。

安全生产管理信息系统可实现安全管理、生产技术管理、调度管理、综合管理等业务层的管理，同时还可为管理层提供综合查询、统计、指标管理等功能，真正为决策层提供支持，提升管理水平，促进企业效能提升、效率提高、效益增加。

本手册分安全管理、生产技术管理、调度管理三大生产主线，从主网生产业务、信息系统核心业务及功能介绍、深化信息系统应用等三个方面进行介绍。为加深公司基层班组对安全生产业务的理解，提高使用安全生产管理信息系统的操作水平，特编制本手册，旨在达到培训目的。

2 系统通用功能介绍

本章将对安全生产管理信息系统的一些通用功能进行介绍，即生产技术、安全管理、调度管理三个业务模块之外的通用功能，如如何登录系统，系统界面各功能区域介绍，如何新增、审批、查询单据，图档管理、用户问题管理、一体化管理手册、报表统计中心等公用模块介绍。

2.1 如何登录系统

使用IE打开登录界面，填写账户密码进入系统（账户为名字拼音的全拼）（见图2-1）。

图 2-1

2.2 系统界面的介绍

登录系统后，左边菜单结构为登录用户所拥有的权限，可根据个人角色设置常用菜单；右边首页中显示待办事宜、工作提醒、滚动公告等信息（见图2-2）。

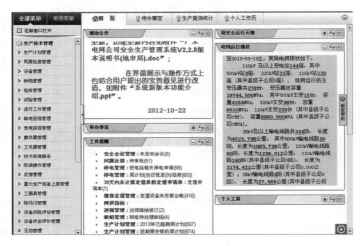

图 2-2

独立的待办事宜工作区，左边为当前用户所有的待办工作，右边为待办工作的显示区（见图2-3）。

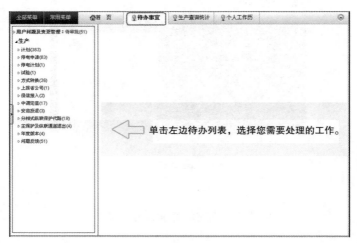

图 2-3

适用于班组的个人工作历，可直观地查看本周或本月的工作（见图2-4）。

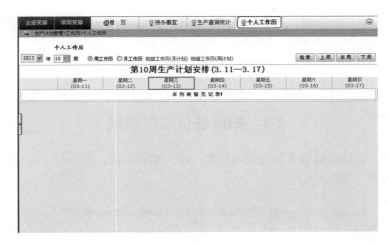

图 2-4

选择自己关注的查询统计页面，可更快捷地进入查询统计（见图2-5）。

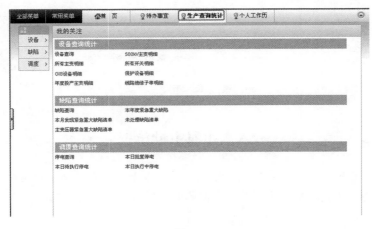

图 2-5

2.3 通用按钮介绍

部门选择按钮： 填报部门　　生技部

人员选择按钮： 发现人 *

时间选择按钮： 计划消缺时间

其他选择按钮： 地　点

2.4 如何进行填报单据

在模块的填报页面新增单据，进入编辑页面，填写相应内容后保存（见图2-6）。

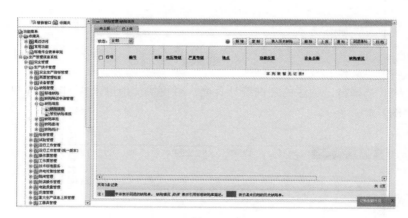

图 2-6

2.5 如何审批单据

在模块的处理页面查看单据，进入单据的查看页面，填写相应内容后发送单据，不同意可以把单据进行回退（见图2-7）。

图 2-7

2.6　如何进行数据的查询

在模块的查询统计页面输入查询、统计条件后执行查询、统计，页面中显示查询、统计结果（见图2-8）。

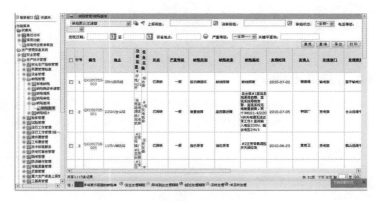

图 2-8

2.7　如何进行数据的统计

在模块的统计页面查看统计结果（见图2-9）。

部门缺陷统计　部门：全局　日期：2012-06-01 到 2012-06-30

严重等级	历史遗留缺陷数量	本期发现缺陷数量	缺陷总数	本期应消缺数量	本期消除缺陷数量	本期及时消除缺陷数量	本期未及时消缺数量	历史遗留本期处理数量	历史遗留本期及时处理数量	本期消缺率	本期消缺及时率	累计消缺率	累计消缺及时率
一般	5	24	29	18	16	16	2	2	2	62.07%	100.00%	99.86%	99.29%
重大	3	21	24	24	14	14	10	3	3	70.83%	70.83%	99.77%	71.17%
紧急	0	0	0	0	0	0	0	0	0	100.00%	100.00%	100.00%	90.16%

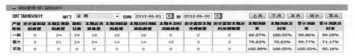

图 2-9

2.8 图档管理

2.8.1 如何新增图档

在图档管理模块的编辑页面新增图档。上传完图档资料后，填写相应信息保存（见图2–10）。

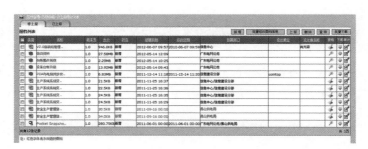

图 2-10

2.8.2 如何审批图档

在图档管理模块的审批页面查看单据，进入单据的查看页面，填写相应内容后发送单据，不同意可以把单据进行回退（见图2–11）。

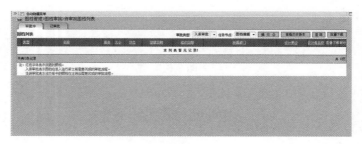

图 2-11

2.8.3 如何查询图档

在图档管理模块的查询页面输入查询条件后执行查询，页面中显示查询、统计结果（见图2-12）。

图 2-12

2.8.4 如何浏览图档

在图档管理模块的浏览页面找到相应的图档资料，可进行图档的签出浏览操作（见图2-13）。

图 2-13

2.9 用户问题反馈

2.9.1 如何录入并上报问题

在问题反馈管理模块的编辑页面新增问题，填写完相应问题描述信息后保存并上报（见图2-14）。

图 2-14

2.9.2　如何查看问题处理进度

在问题反馈管理模块的查看页面选择查询条件进行筛选，单击问题编号可进入详细信息查看页面（见图2–15）。

图 2-15

2.10　一体化管理手册

2.10.1　根据不同的维度查看管理手册

1. 业务维度

业务维度是从业务的角度出发，按照管理手册业务分类，可根据某一项业务，查看该业务的管理流程，蓝色底纹的节点表示已经在系统中固化的节点（见图2–16）。

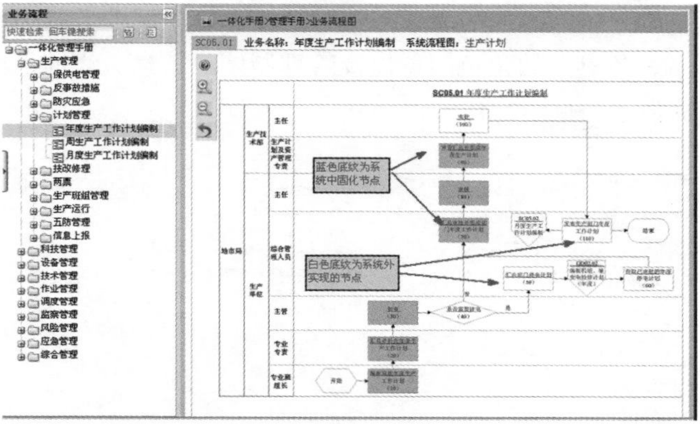

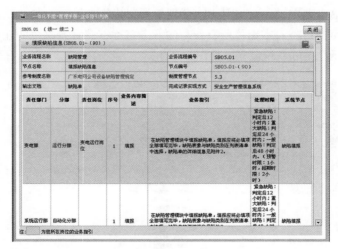

图 2-16

单击菜单“一体化手册>管理手册>业务维度”，在“业务维度”页面左边选择相关的业务，单击蓝色底纹的节点可查看该节点具体的业务指引、系统流程节点、节点上的角色岗位以及管理制度等信息，当前人所在节点会高亮显示（见图2–17）。

一体化手册>管理手册>业务指引列表

SB05.01 （续一 续二） 关闭

填报缺陷信息(SB05.01-（90）)

业务流程名称	缺陷管理	业务流程编号	SB05.01
节点名称	填报缺陷信息	节点编号	SB05.01-（90）
参考制度名称	广东电网公司设备缺陷管理规定	制度管理节点	5.3
输出文档	缺陷单	完成记录实现方式	安全生产管理信息系统

责任部门	分部	责任岗位	序号	业务内容简述	业务指引	处理时限	系统节点
变电部	运行分部	变电运行岗位	1	填报	在缺陷管理模块中填报缺陷单，填报应将必填项全部填写完毕，缺陷表象与缺陷类别在列表清单中选择，缺陷单的详细信息见附件2。	紧急缺陷：判定后12小时内；重大缺陷：判定后24小时内；一般缺陷：判定后48小时内。（预警时限：1小时，超期时限：2小时）	缺陷填报
系统运行部	自动化分部		1	填报	在缺陷管理模块中填报缺陷单，填报应将必填项全部填写完毕，缺陷表象与缺陷类别在列表清单	紧急缺陷：判定后12小时内；重大缺陷：判定后24小时内；一般缺陷：判定	缺陷填报

注： 为您所在岗位的业务指引

图 2-17

2. 职责维度

职责维度是从岗位的角度出发，按照管理手册的岗位分类，可查看某一个岗位涉及的所有业务流程以及流程中的业务指引、系统流程节点、节点上的角色岗位以及管理制度等信息，当前人所在节点会高亮显示（见图2-18）。

图 2-18

单击菜单"一体化手册>管理手册>职责维度"，在"职责维度"页面可查看本岗位所有参与的业务名称，有背景颜色的业务名称表示已关联系统流程（见图2-19）。

图 2-19

单击业务指引下图标，该岗位参与的业务节点用背景颜色为黄色的进行标示（见图2-20）。

图 2-20

3. 制度维度

制度维度是从管理制度的角度出发，按照管理制度分类，可查看某一个制度涉及的所有业务流程以及流程中的业务指引、系统流程节点、节点上的角色岗位以及管理制度等信息（见图2-21）。

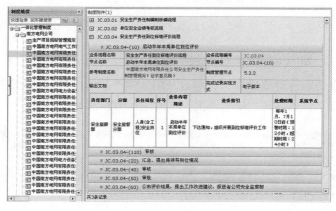

图 2-21

4. 风险维度

风险维度是从风险体系的角度出发，按照安全生产风险管理体系分类，可查看某一个风险涉及的所有业务流程以及流程中的业务指引、系统流程节点、节点上的角色岗位以及管理制度等信息。

单击菜单"一体化手册>管理手册>风险维度"，在"风险维度"页面选择相应的风险，右边显示与该风险相关的业务流程，单击"业务编号"可查看该业务的业务流程，单击"系统流程"可查看该业务在系统中固化的流程图，单击"业务指引"可查看该流程中的业务指引、系统流程节点、节点上的角色岗位以及管理制度等信息（见图2-22）。

图 2-22

2.10.2 如何根据菜单查看业务指引

以缺陷管理流程为例，单击菜单"生产技术管理>缺陷管理>缺陷填报"，然后在"缺陷填报"页面（见图2-23）。

图 2-23

单击❓图标可查看缺陷填报时的业务指引，背景为黄色标示您所在岗位的业务指引（见图2-24）。

图 2-24

在"一体化手册>管理手册>业务指引列表"页面，单击📖图标可查看填报缺陷的用户操作手册（见图2-25）。

帮助主题
1. 新增缺陷单并上报
2. 删除缺陷单
3. 如何上报缺陷单
4. 录入历史缺陷
5. 如何回退通知的缺陷单
6. 通知缺陷单
7. 复制缺陷单
8. 如何撤回已上报缺陷

图 2-25

2.10.3 如何维护相关的制度

1. 如何新增管理制度并添加到业务流程中

单击菜单"一体化手册>制度管理"，在"制度维度"页面，单击"新增"按钮，填写制度名称、制度编号、发布时间、发布单位、制度类别信息，并上传相应的附件后保存（见图2-26）。

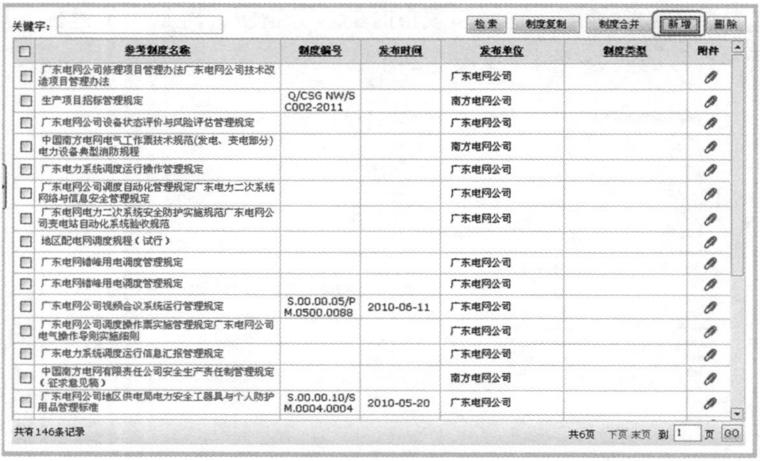

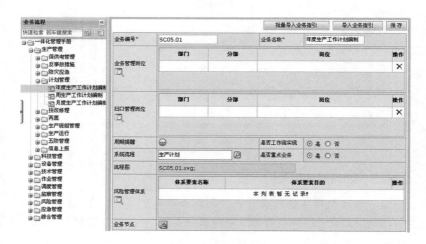

图 2-26

单击菜单"一体化手册>基础数据维护>业务指引维护",选择新增制度对应的业务流程,单击右边的"业务节点"按钮(见图2–27)。

图 2-27

选择该制度对应的业务节点，单击其节点编号（见图2-28）。

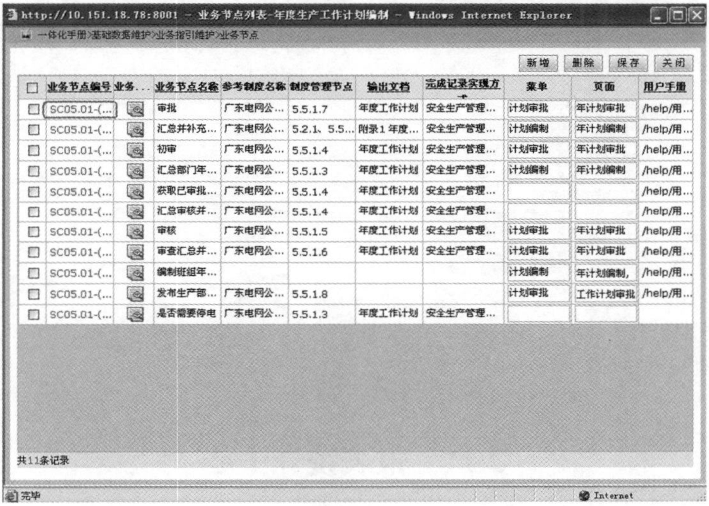

图 2-28

在"参考制度"栏中选择新增的管理制度并保存（见图2-29）。

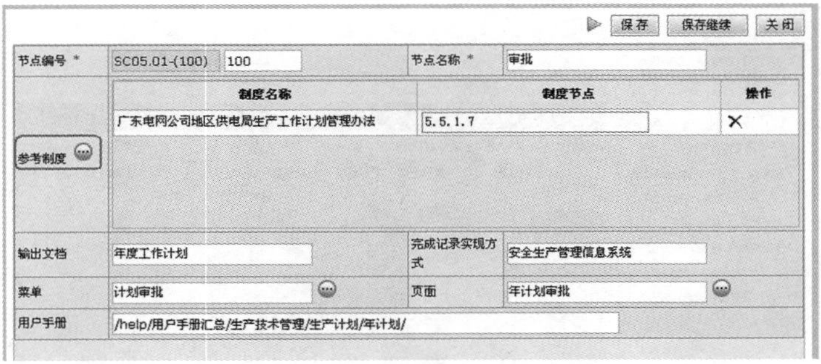

图 2-29

2. 修改管理制度

单击菜单"一体化手册>制度管理"，在"制度维度"页面，单击各制度的名称，可修改制度名称、制度编号、发布时间、发布单位、制度类别信息，单击"附件"可重新上传相应的管理制度（见图2-30）。

图 2-30

2.11　报表统计中心

单击菜单"报表统计中心>报表统计中心"，各专业人员选择对应的报表，单击"新增"按钮进行报表的填写，单击"上报"按钮将填写完成的报表上报至省公司（见图2-31）。

图 2-31

3 核心业务流程及功能介绍

本章根据已经在安全生产管理信息系统固化的主网生产业务，从生产技术管理、安全管理、调度管理三大主线对生产业务的流程及其在系统中的对应操作，用图文并茂的方式进行讲解，以达到使用人员阅读后能快速地根据业务熟悉系统功能的效果（见图3-1）。

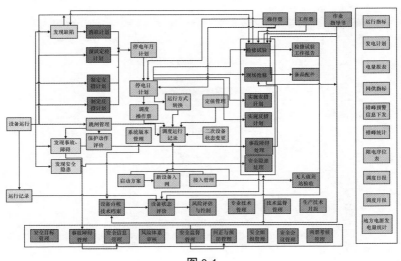

图 3-1

3.1 生产技术管理

3.1.1 缺陷管理

3.1.1.1 流程描述

生产人员发现设备缺陷后通知运行人员核实，再由运行人员填报，经运行专责定性。若为紧急/重大缺陷则应上报部门主管负责人，审核后上报设备部，由专业专责组织相关班组消除缺陷（简称消陷），对仍在基建工程保修期内的设备由基建部组织消缺，最后由运行人员进行消缺验收。若为一般缺陷则由专业专责组织相关班组消缺，对仍在基建工程保修期内的设备由基建部组织消缺，最后由运行人员进行消缺验收。

3.1.1.2 系统实现过程

1. 新增缺陷单并上报

生产人员单击菜单进入"生产技术管理>缺陷管理>缺陷填报"页面，单击"新增"按钮进入缺陷单编辑页面，单击"保存"按钮生成缺陷单或者单击"保存并上报"按钮将缺陷单上报（见图3-2）。

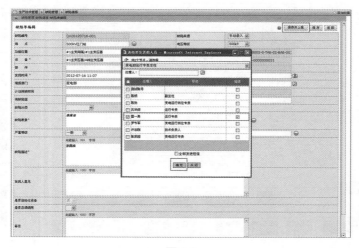

图 3-2

2. 缺陷处理

专责单击菜单进入"生产技术管理>缺陷管理>缺陷处理"页面，单击"缺陷单编号"，进入缺陷单页面，将意见填写完整，然后依次单击"保存""返回"按钮返回到"缺陷管理>缺陷处理"页面，单击"发送"将缺陷单发送（见图3-3、见图3-4）。

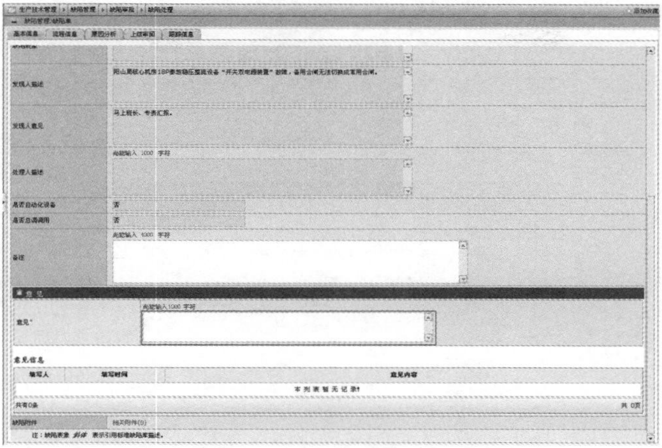

图 3-3

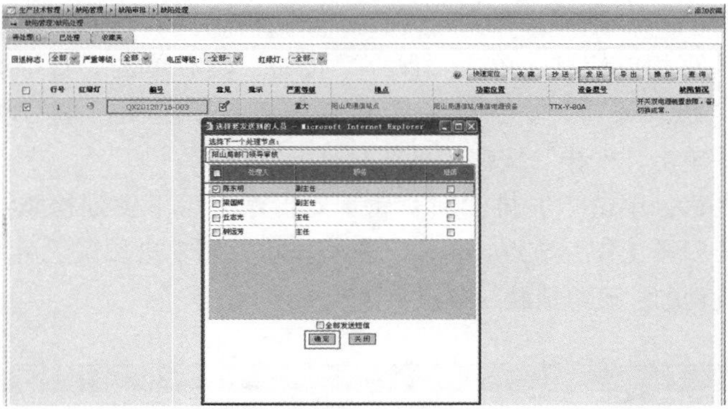

图 3-4

（1）当一般、重大等级缺陷流程流转到安排消缺的环节时，需要安排消缺的操作，单击菜单"生产技术管理>缺陷管理>缺陷处理"，单击"缺陷单编号"，进入缺陷单页面，填写相应信息，单击"保存"按钮，然后单击"安排消缺"或者"班长安排"，弹出一个生产计划新增页面，填写相应字段，并单击"安排"按钮（见图3-5）。

注意：单击"安排消缺"会关联生产计划管理的月计划，然后走生产计划月计划的审批流程，单击"班长安排"会关联生产计划的周计划。

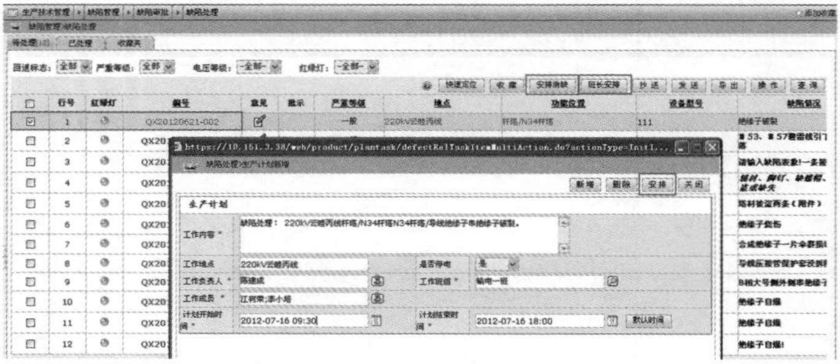

图 3-5

（2）当紧急等级缺陷流程流转到安排消缺环节时，直接派检修工单，并不是通过生成计划完成消缺，单击菜单"生产技术管理>缺陷管理>缺陷处理"，单击"缺陷单编号"，进入缺陷单页面，填写相应信息，单击"保存"按钮，然后单击"安排消缺"或者"班长安排"，弹出一个检修任务新增页面，填写相关字段，并单击"安排"按钮（见图3-6）。

注意：单击"安排消缺"属于专责派工后下发到检修流程的"班长安排工作"节点，单击"班长安排"属于班长派工后下发到检修流程的"班组消缺"节点。

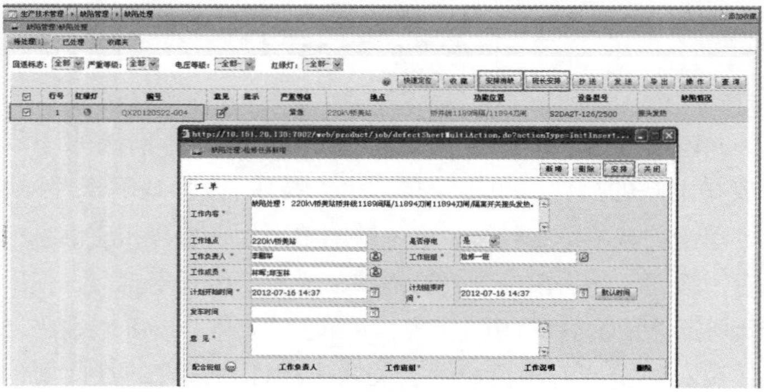

图 3-6

3. 缺陷单关联生产计划环节

一般、重大等级缺陷单生成生产计划后，班长单击菜单"生产技术管理>生产计划管理>计划管理>计划编辑"，在"周计划"TAB页面中，找到缺陷单关联的周计划（默认为未发布），单击"操作"按钮选择"发布"，然后在已发布页面找到缺陷单关联的周计划，单击"操作"按钮选择"派工单"（即检修单）（见图3-7）。

注意：如果"生产技术管理>缺陷管理>缺陷处理"专责安排消缺节点选择"安排消缺"，会关联生产计划管理的月计划，需走月计划的审批流程，到周计划后可直接派工单（即检修单）。如果"生产技术管理>缺陷管理>缺陷处理"专责安排消缺节点选择"班长安排"，会关联生产计划管理的周计划，需先"发布"，然后派工单（即检修单）。

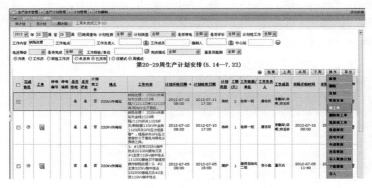

图 3-7

4. 检修工单流程审批

（1）生产计划派出检修单后，班长单击菜单"生产技术管理>检修管理>检修工单"，选择待处理页面，选择任务节点"班组检修"，单击"工单编号"进入检修工单页面，将工单的信息进行填写，单击"保存"按钮，然后单击"发送"按钮发送至班员进行检修工作（见图3-8）。

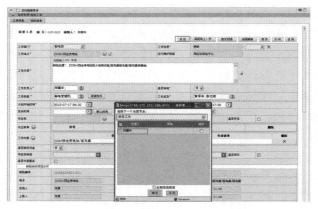

图 3-8

（2）检修工作完成后，班长单击菜单"生产技术管理>检修管理>检修工单"，选择待处理页面，选择任务节点"班长确认"，单击"工单编号"进入检修工单页面，将工单的相应信息进行填写，单击"班长评价"，弹出一个班长评价的页面进行评价，然后依次单击"保存"按钮、"发送"按钮至班长确认，确认完成后流程结束（见图3-9）。

注意：紧急等级缺陷安排的检修工单流程完成之后生成一个完成状态的周计划。

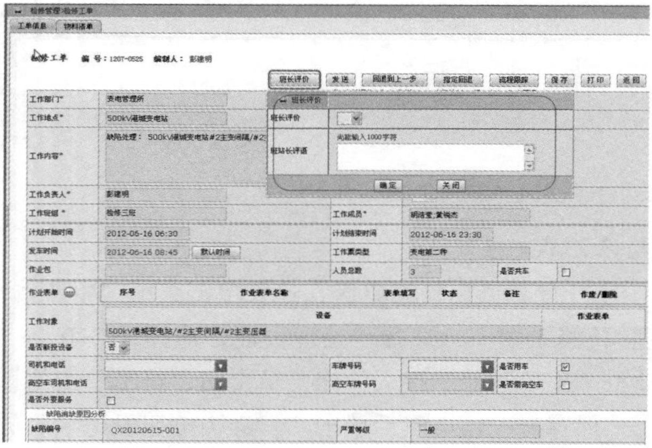

图 3-9

5. 缺陷单验证环节

生产人员单击菜单进入"生产技术管理>缺陷管理>缺陷处理"页面，选择任务节点为"验收节点"，如"新会中心站验收"，单击缺陷编号，进入缺陷单页面，填写相应信息，然后依次单击"保存"按钮、"完成"按钮，缺陷的流程结束（见图3-10）。

图 3-10

3.1.2 检修管理

3.1.2.1 流程描述

设备检修班组根据工作计划或临时性工作要求，编制作业表单或施工方案，开具工作票实施现场作业，对设备进行修复，完成检修工作。

3.1.2.2 系统实现过程

局级及县级子公司生产部门的设备检修管理人员根据生产部门周工作计划，编制消缺、维护、检修工单，设备检修管理人员将检修工单发送给设备检修人员，由设备检修人员根据检修工单内容现场进行工作，并填写工作情况记录，由运行人员验收并完成消缺、维护、检修工单工作，最后发送给设备检修班长确认工作，从而完成整个工作。

1. 编制检修工单并上报

检修管理人员单击菜单"生产技术管理>生产计划管理>计划编制"，在生产计划编制周计划TAB页面，选中需要检修工作的周计划，单击"操作"按钮下拉选项派工单，进入检修工单编制页面，输入相关信息后单击"保存"按钮，单击"上报"按钮将相关信息发送给检修班长安排工作（见图3-11）。

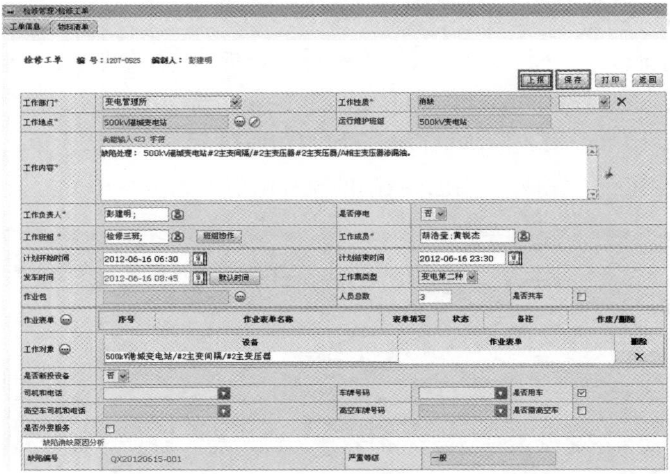

图 3-11

2. 检修班长安排

检修班长单击菜单"生产技术管理>检修管理>检修工单",在"检修工单"待处理TAB页面,选中需要处理的检修工单,单击"发送"按钮将检修工单发送给工作负责人进行工作(见图3-12)。

图 3-12

3. 检修工作处理

检修工作完成后,工作负责人单击菜单"生产技术管理>检修管理>检修工单",在检修工单"待处理"TAB页面,单击工单编号进入检修工单详情页面,输入相关信息后,单击"发送"按钮将检修工单发送给班长进行确认(见图3-13)。

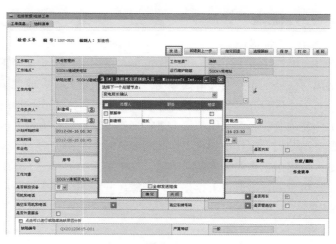

图 3-13

4. 班长确认并评价

班长单击菜单"生产技术管理>检修管理>检修工单",在检修工单"待处理"TAB页面,单击工单编号进入检修工单详情页面,输入相关信息后,单击"班长评价"按钮对班组工作进行评价,评价完成后,单击"发送"按钮将检修工单归档(见图3-14)。

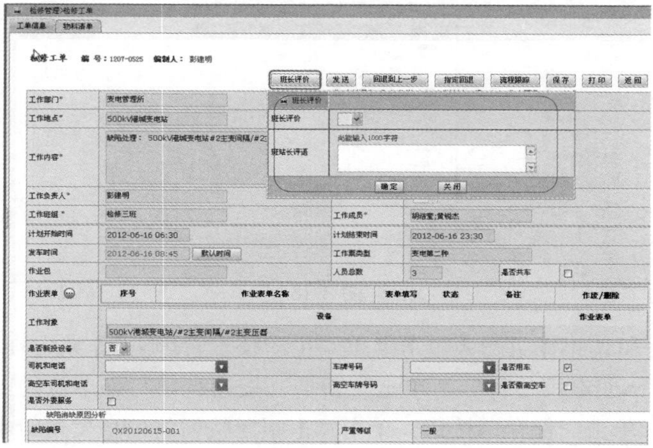

图 3-14

3.1.3 工作票管理

3.1.3.1 流程描述

需进入电气场所工作时，由工作负责人根据工作性质选择正确的工作票填写，经工作签发人审核签发，由运行值班人员完成现场安全措施，对工作进行许可交底后，工作班成员方可进入工作场地进行工作，工作完成验收后，工作负责人进行工作终结，运行值班人员进行工作票终结归档。工作中如有工作间断或延时，工作负责人需按规定向值班人员提出工作间断或延时申请，并在票面中填写。工作中如需更换工作负责人，需取得工作签发人同意，并在工作票中填写。

3.1.3.2 系统实现过程

1. 填报工作票

工作负责人单击菜单"生产技术管理>工作票管理>工作票填写>变电第一种"，单击"新增"按钮，填写完工作票信息后单击"保存"按钮，单击"上报"按钮发送给工作票签发人签发（见图3–15）。

图 3-15

外单位工作负责人单击菜单"生产技术管理>工作票管理>工作票填写>变电第一种"，单击"新增"按钮，填写外单位的工作票信息，单击"保存"按钮，单击"上报"按钮将信息发送给本单位签发人与设备管理部门签发人会签（见图3–16）。

图 3-16

2. 签发工作票

工作票签发人单击菜单"生产技术管理>工作票管理>工作票审批>工作票签发",单击"工作任务"查看工作票内容页面,填写"工作票签发人"信息,单击"签发"按钮将信息发送给值班负责人接收(见图3–17)。

图 3-17

3. 会签工作票

设备管理部门工作票签发人单击菜单"生产技术管理>工作票管

理>工作票审批>工作票会签",单击"工作任务"查看工作票内容页面,填写"工作票会签人"信息,单击"会签"按钮将信息发送给值班负责人接收(见图3-18)。

图 3-18

4. 接收工作票

值班负责人单击菜单"生产技术管理>工作票管理>工作票审批>工作票接收",单击"工作任务"工作票查看页面,选择"接收许可"页面,填写"收到工作票时间、值班负责人"信息后,单击"接收"按钮接收该工作票(见图3-19)。

图 3-19

5. 许可工作票

工作许可人点击菜单"生产技术管理>工作票管理>工作票执行>变电第一种",单击"工作任务"查看工作票内容页面,选择"接收许可"页面,填写"工作许可人、工作负责人",单击"许可"按钮进行工作票许可操作(见图3-20)。

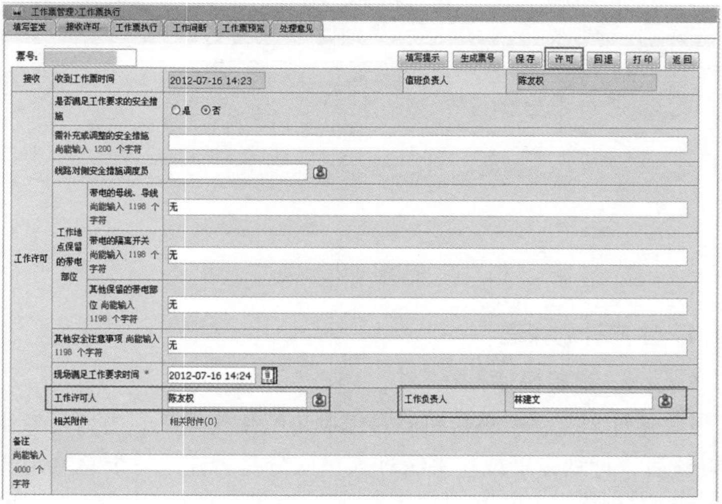

图 3-20

6. 工作票终结

值班人员单击菜单"生产技术管理>工作票管理>工作票执行>变电第一种",单击"工作任务"查看工作票内容页面,选择"工作票执行"页面,填写"工作终结"信息,单击"工作终结"按钮,填写"工作票终结"信息,单击"工作票终结"按钮终结此张工作票(见图3-21)。

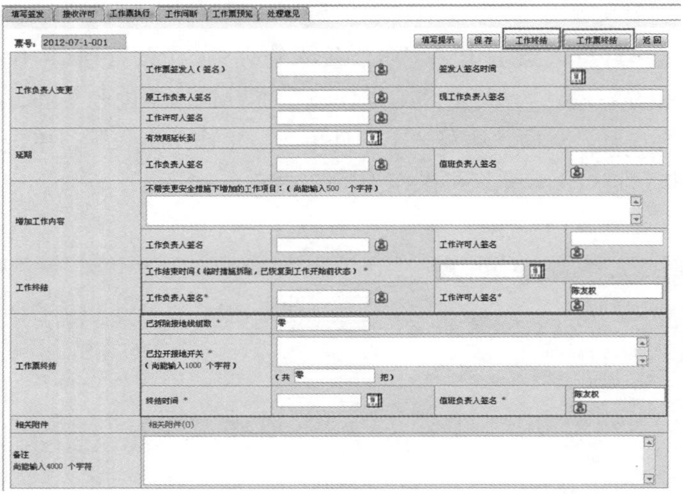

图 3-21

3.1.4 生产计划管理

3.1.4.1 流程描述

1）年计划：生产单位班站长编制班组生产计划，由部门专业专责审核后，计划专责或相关管理人员区分是否停电，汇总制定部门年度生产计划。若停电则将停电工作列入年停电计划提交审批，通过后列入年生产计划。若不停电则直接上报年生产计划，部门年生产计划报部门负责人审批后，提交生产设备管理部审批备案后发布。

2）月计划：生产单位班站长对分解至当月的年工作计划进行修编，由部门专业专责审核后，计划专责或相关管理人员区分是否停电，汇总制定部门月生产计划。若停电则将停电工作列入月停电计划提交审批，通过后列入月生产计划。若不停电则直接上报月生产计划，部门月生产计划报部门负责人审批后发布。

3）周计划：生产单位班站长参考月度工作计划制定本周工作计划，对停电工作提交停电申请，审批通过后汇总发布班组周计划。

3.1.4.2　系统实现过程

1. 新增生产年计划并上报

生产班组计划编制人单击菜单进入"生产技术管理>生产计划管理>计划管理>计划编制"页面,在生产计划编制"年计划"TAB页面,单击"新增"按钮进入生产年计划编制页面,输入相关信息后单击"保存"按钮。点击"返回"按钮返回生产计划编制"年计划"TAB页面,选中需要上报审批的年计划单击"上报"按钮,将生产年计划上报给部门负责人审核(见图3-22)。

图 3-22

2. 审核生产年计划

部门负责人单击菜单进入"生产技术管理>生产计划管理>计划管理>计划审批"页面,在生产计划审批"年计划"TAB页面,单击"发送"按钮将已审核通过的生产年计划进行发送并细分成生产月计划(见图3-23)。

图 3-23

3. 新增生产月计划并上报

生产班组计划编制人单击菜单进入"生产技术管理>生产计划管理>计划管理>计划编制"页面,在生产计划编制"月计划"TAB页面,单击

"新增"按钮进入生产月计划编制页面，输入相关信息后单击"保存"按钮，选中手动新增的月计划或者由年计划审核通过的月计划，单击"上报"按钮，将生产月计划上报给专业负责人审核（见图3-24）。

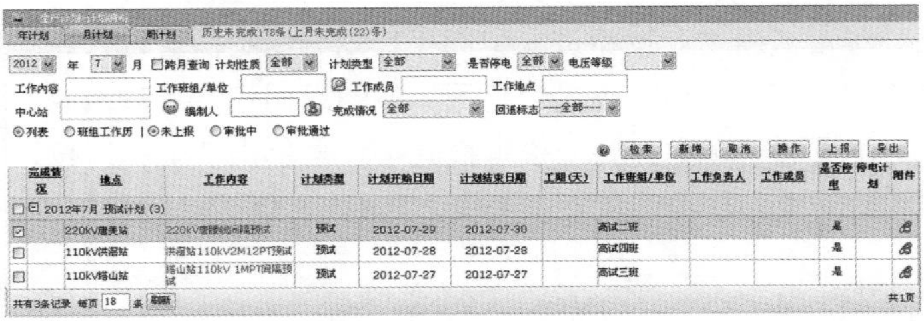

图 3-24

4. 审核生产月计划

专业负责人单击菜单进入"生产技术管理>生产计划管理>计划管理>计划审批"页面，在生产计划审批"月计划"TAB页面，单击"发送"按钮将已审核通过的生产月计划进行发送并发布部门生产周计划（见图3-25）。

图 3-25

5. 新增生产周计划并发布

生产班组计划编制人单击菜单进入"生产技术管理>生产计划管理>计划管理>计划编制"页面，在生产计划编制"周计划"TAB页面，单击"新增"按钮进入生产周计划编制页面，输入相关信息后单击"保存"按钮，选中手动新增的周计划，单击"操作"按钮，在"操作"按钮下拉选项中选择"发布",将生产周计划进行发布并进行派工单(见图3-26)。

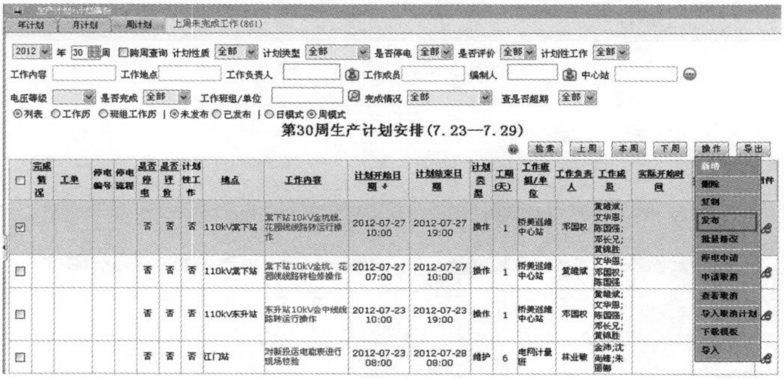

图 3-26

6. 生产周计划派工单

班长单击菜单进入"生产技术管理>生产计划管理>计划管理>计划编制"页面,在生产计划编制"周计划"TAB页面,选中已发布的周计划,单击"操作"按钮,在"操作"按钮下拉选项中选择"派工单",将生产周计划进行派工单,班组根据工单内容完成工作(见图3-27)。

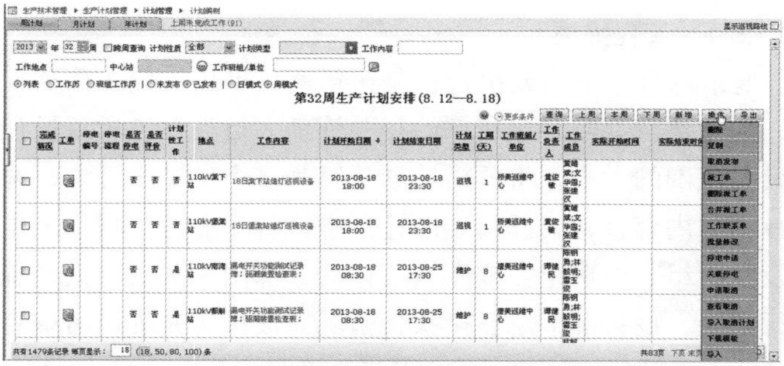

图 3-27

7. 完成生产周计划

班员单击菜单进入"生产技术管理>生产计划管理>工作历>个人工作历"页面,在"个人工作历"页面,单击"工作任务"链接进入生产周计划工单页面。在"工单编制"页面，输入相关信息后，单击"完成"按钮，完成生产计划（见图3-28）。

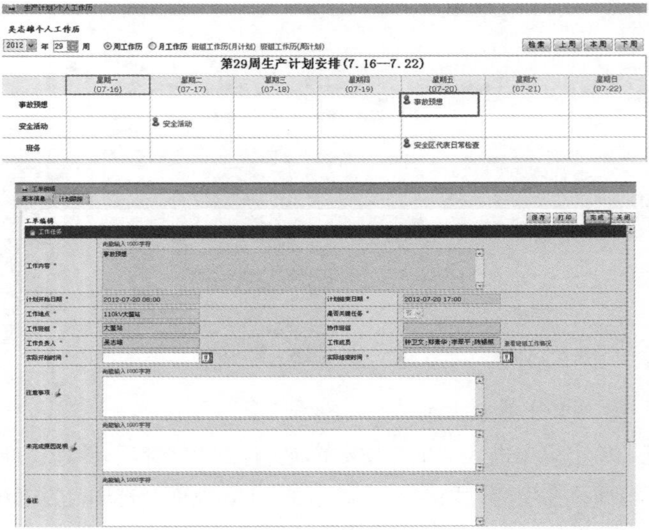

图 3-28

3.1.5　反事故措施管理

3.1.5.1　流程描述

各地市局自行下达或执行省公司年度反事故措施（简称反措）计划，指定执行部门，执行部门相关管理人员根据该项反措计划涉及的设备范围的大小，将反措计划分解为多个反措子计划，并将反措子计划的内容整合到部门生产计划中，各专业专责将计划生成工单派发给班组，由班组完成反措工作后，部门相关管理人员统计反措执行情况，设备部汇总反措执行情况完成报告并提出考核意见，对省公司下发的反措计划，报告及考核意见由省公司负责发布。

3.1.5.2　系统实现过程

1. 填报反事故措施

省公司相关部门人员通过系统菜单"调度管理>反措管理>反事故措施填报"，单击"新增"按钮填写反事故措施单信息，保存后单击"上报"按钮报送部门领导审核（见图3-29）。

图 3-29

2. 审批反事故措施

部门领导通过系统菜单"调度管理>反措管理>反事故措施审批"，单击"指定发送"按钮进行审批（见图3-30）。

图 3-30

地市局用户通过系统菜单"调度管理>反措管理>反事故措施审批"，单击"发送"按钮进行审批（见图3-31）。

图 3-31

3. 安排与执行反措计划

地市局部门专责通过系统菜单"调度管理>反措管理—>反事

故措施审批"，单击"反措名称"进入反措信息页选择"措施计划"TAB页，单击"操作"、"生成计划"按钮进行反措计划编制，安排反措计划给部门执行（见图3-32）。

图 3-32

地市局部门班组人员通过系统菜单"生产技术管理>生产计划管理>月计划编制"对反措计划进行完工。地市局部门专责通过系统菜单"调度管理>反措管理>反事故措施审批"，单击"反措名称"进入反措信息页，选择"措施计划"TAB页，单击"上报省公司"按钮将反措计划和执行概述上报省公司（见图3-33）。

图 3-33

3.1.6 作业表单管理

3.1.6.1 流程描述

作业表单分为标准作业表单和班组作业表单：标准作业表单相当于一个模板库，各班组可引用后修改成自己的班组作业表单；班组作业表单是只能自己班组人员使用的作业表单，可引用标准作业表单也可新增班组作业表单。

3.1.6.2 系统实现过程

1. 将标准作业表单固化到班组作业表单模板库

将标准作业表单固化到班组作业表单模板库的方式有两种。

（1）从标准作业表单模板库直接下发。

1）在"作业表单管理>标准作业表单管理>标准作业表单模板库"页面，专责单击"下发"按钮可同时下发到多个班组（见图3-34、图3-35）；

注意：已下发的作业表单会在"已下发班组"字段显示 图标，反之没有显示图标。

图 3-34

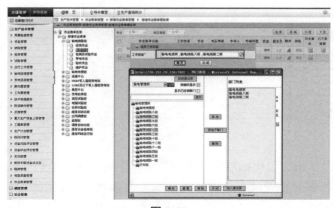

图 3-35

2）专责下发成功，班组人员可在"作业表单管理>班组作业表单管理>班组作业表单模板库"页面查看（见图3-36）；

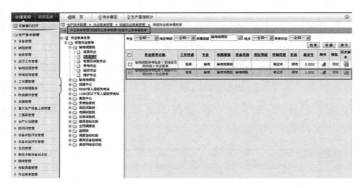

图 3-36

3）班组作业表单模板库中的表单，班组人员可以在制订计划时直接引用（见图3-37）。

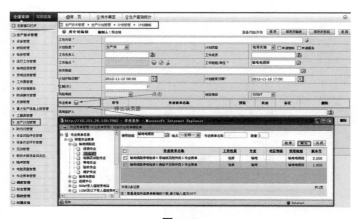

图 3-37

（1）班组引用标准作业表单模板库中的作业表单

1）在"作业表单管理>班组作业表单管理>班组作业表单编制"页面，单击"从标准库引用"按钮，在弹出的页面选择要固化到班组作业表单模板库的表单，单击"确定"按钮（见图3–38）；

注意：作业表单前面的 ● 图标表示该表单已经被该班组引用过，不能再次引用。

图 3-38

2）在"作业表单管理>班组作业表单管理>班组作业表单编制"页面，选中要固化到班组作业表单模板库的作业表单，单击"上报"按钮（见图3–39）。

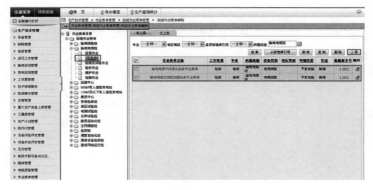

图 3-39

3）单击"上报"按钮，在"作业表单管理>班组作业表单管理>班组电子作业表单管理"页面，对该表单依次进行定制、固化、颁布操作（见图3-40）。

图 3-40

2. 新增作业表单固化到班组库

1）在"作业表单管理>班组作业表单管理>班组作业表单编制"页面，单击"新增"按钮（见图3-41）。

图 3-41

2）单击"新增"按钮，打开的页面，将页面信息全部填写完，单击"保存"、"返回"、"上报"按钮（见图3-42、3-43）。

图 3-42

注意：模板类型字段可进行选择相应的终端类型。

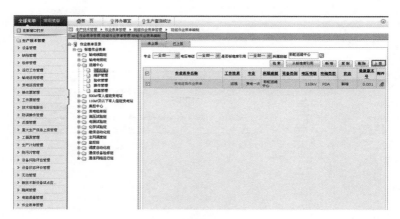

图 3-43

3）流程走完之后该单据会在"作业表单管理>班组作业表单管理>班组电子作业表单管理"页面显示，在该环节将作业表单设计器修编完成的作业表单［作业表单设计器（见图3-44）导出并压缩的作业表单为zip格式〕进行定制、固化、颁布（见图3-45）。

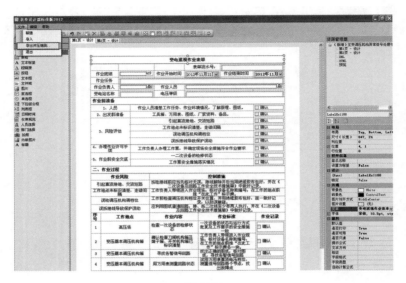

图 3-44

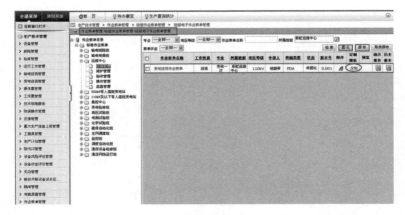

图 3-45

4）颁布之后，该作业表单在"作业表单管理>班组作业表单管理>班组作业表单模板库"即可查看到（见图3-46）。

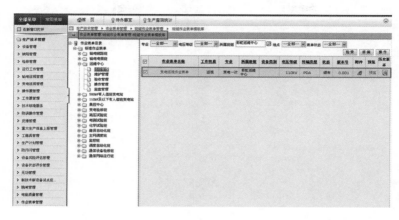

图 3-46

3.2　安全管理

3.2.1　安全督察管理

3.2.1.1　流程描述

各安全区代表每月开展检查，检查如发现问题，根据需要关联纠正与预防模块进行整改，检查完成后及时归档。上一级安全区代表及安监部相关专责可根据需要对各安全区代表的检查情况抽样审核。

3.2.1.2　系统实现过程

1. 新增安全区代表检查记录

班站安全区代表通过系统菜单"安全督察管理>安全区代表日常检查>安全区代表检查记录"页面，按要求填写安全区代表记录（见图3-47）。

图 3-47

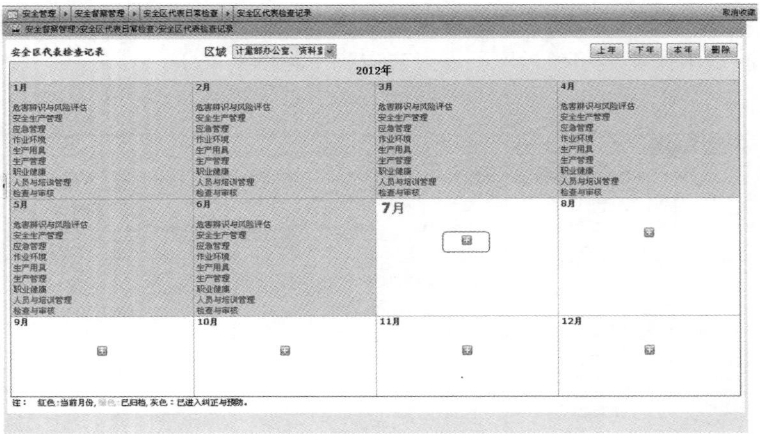

2. 查看安全区代表检查记录

部门领导通过系统菜单"安全督察管理>安全区代表日常检查>安全区代表检查管理"查询各部门上报的安全区代表检查记录（见图3-48）。

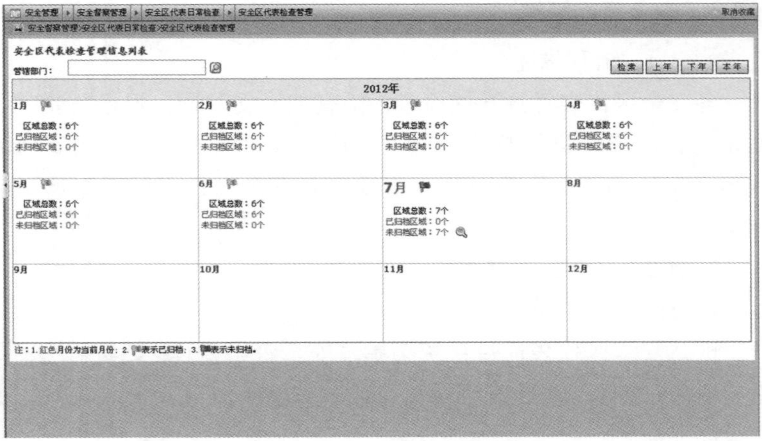

图 3-48

3.2.2　安全风险管理

3.2.2.1　安全评估与控制管理

3.2.2.1.1　流程描述

根据作业任务将来的可能性、过去的经验、合法性/危险性分析等，评定作业任务是否为关键任务（总分大于15分的），并上报各部门相关专责进行审批。

（1）对区域内部风险进行评估：分解作业任务步骤，进行危害辨识，评估风险级别，制定并评估风险控制措施，形成风险评估结果。

（2）对区域外部风险进行评估：识别作业活动区域，进行危害辨识，评估风险级别，制定并评估风险控制措施，形成风险评估结果。

3.2.2.1.2　系统实现过程

各班（站、所）长负责录入区域内部基准风险评估与区域外部基准风险评估记录，由各部门专业专责审核，以供设备部领导统计分析。

新增风险评估记录。各班（站、所）长通过系统菜单"安全风险管理>安全评估与控制管理>区域基准风险评估"单击"新增"按钮，填写各班（站、所）的风险评估记录（见图3-49）。

图 3-49

按系统流程提示完成"作业任务>危害辨识>风险评估>控制措施评估>评价结果"等内容填写，并保存。

3.2.2.2　风险体系审核管理

3.2.2.2.1　流程描述

安监部风险专责编制年度安全生产风险管理体系审核计划。省公司审批通过后，按计划组织审核，并及时编制审核报告。

3.2.2.2.2　系统实现过程

1. 填报审核计划

安监部专责通过系统菜单"安全风险管理>风险体系审核管理>审核计划编制"单击"新增"按钮，编制审核计划，保存后单击【归档】按钮终结单据（见图3-50）。

	计划名称	填写人	创建日期	审核类别	计划开始时间	计划结束时间	上报状态
	2012年管理评审	陈锋	2012-04-11	管理评审	2012-09-06	2012-09-06	已归档
	2012年第二次内审	陈锋	2012-04-11	内审	2012-07-16	2012-07-20	已归档
	2012年第一次内审	陈锋	2012-04-11	内审	2012-04-23	2012-04-27	已归档
	2011年管理评审	陈锋	2011-07-22	管理评审	2011-09-12	2011-09-20	已归档

图 3-50

2. 填报审核报告和改进计划

安监部专责通过系统菜单"安全风险管理>风险体系审核管理>审核报告和改进计划编制"单击"新增"按钮，填写审核报告和改进计划（见图3-51）。

审核类别：◎ 内审 ○ 管理评审

	内部审核报告名称	审核员	审核开始时间	审核结束时间	报告日期	审核报告附件	改进计划附件
	2010年第二次内部审核	陈锋;范宏洲;冯锦华…	2010-09-06	2010-09-10	2010-10-01		
	2011年第一次内部审核	林东富;周中秋;范宏洲…	2011-05-16	2011-05-20	2011-06-10		
	2012年第二次内审	汤朝鹏;范宏洲;冯海…	2012-07-23	2012-08-02	2012-08-16		
	2010年第一次内部审核	陈锋;河毅;范宏洲;冯锦华…	2010-06-08	2010-06-13	2010-07-21		

图 3-51

3. 填报实施方案

安监部专责通过系统菜单"安全风险管理>风险体系审核管理>实施方案编制"单击"新增"按钮，填写实施方案（见图3-52）。

图 3-52

3.2.2.3 纠正与预防管理

3.2.2.3.1 流程描述

对安全生产活动中除设备缺陷以外的不符合进行识别，辨识需要填写纠正与预防措施，对问题进行整改，当本层面无法解决时，按照逐级上报的原则层层上报；当本层面可以解决时，制定整改措施，并组织责任人进行整改；当完成整改后，组织对整改效果进行验证。

3.2.2.3.2 系统实现过程

各部门人员上报纠正与预防单，发送至班站、部门内部、职能部门三个层面进行审核，由班站长、部门安全专责、安监部专责制定执行措施，发送至部门领导审核，部门领导审批通过后，由指定负责人下达执行措施项，由具体班组或部门内部人员执行，执行完毕后由班站安全区代表或部门安全区代表进行验收归档。

1. 填报纠正与预防记录

部门人员通过系统菜单"安全风险管理>纠正与预防>纠正与预防管理"单击"新增"按钮，填写纠正与预防记录，保存成功后可上报至三个层面，即班组内部、部门内部和职能部门（见图3–53）。

图 3-53

2. 审核纠正与预防记录

班站安全员、部门安全员和安监部专责根据系统菜单"安全风险管理>纠正与预防>纠正与预防管理"审核纠正与预防单,经审核无误后发送至相关领导审批(见图3-54)。

图 3-54

注意:制定执行措施环节需要进入单据填写执行项,其包括责任单位及负责人等。

3. 下达纠正与预防单

纠正与预防单审批通过后,执行负责人单击"下达"按钮,对纠正与预防单下达执行,执行完毕后发送至安全区代表进行审核验收(见图3-55)。

图 3-55

3.2.2.4 变化管理

3.2.2.4.1 流程描述

各单位部门应针对安全生产管理及条件的变化,识别可能带来的风险,监理变化管理档案,制定并实施风险控制措施,同时要保障风险控制措施执行所需的资源。

3.2.2.4.2 系统实现过程

新增变化管理记录:部门人员根据系统菜单"安全风险管理>变化管理>变化问题填报"单击"新增"按钮,填写变化管理记录,单击" "图标来关联纠正与预防单,对变化带来的风险及问题进行控制与预防(见图3-56)。

图 3-56

3.2.2.5 任务观察管理

3.2.2.5.1 流程描述

根据作业任务风险级别等情况编制下月的任务观察计划，并按照计划组织开展任务观察。完成任务观察时，及时记录任务观察计划的完成情况，并做好归档。当通过任务观察发现问题时，根据需要应用纠正与预防模块进行整改。

3.2.2.5.2 系统实现过程

1. 新增任务观察计划

（1）班站安全区代表通过系统菜单"安全风险管理>任务观察管理>任务观察计划"单击"新增"按钮，编制任务观察计划，保存后单击"上报"按钮，进入审批流程（见图3–57）。

图 3-57

（2）审核人员通过系统菜单"安全风险管理>任务观察管理>任务观察计划审批"审核单据，单击"发送"按钮完成数据审核（见图3–58）。

图 3-58

（3）审批完成后，通过系统菜单“安全风险管理>任务观察管理>任务观察计划执行”填写任务观察记录（见图3-59）。

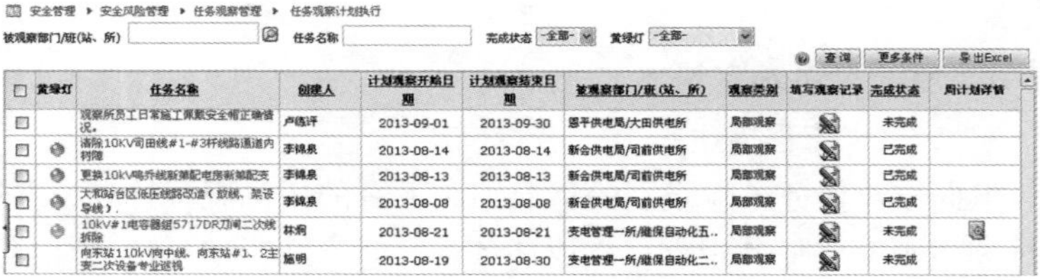

	黄绿灯	任务名称	创建人	计划观察开始日期	计划观察结束日期	被观察部门/班(站、所)	观察类别	填写观察记录	完成状态	周计划详情
		观察所员工日常施工佩戴安全帽正确情况。	卢练评	2013-09-01	2013-09-30	恩平供电局/大田供电所	局部观察		未完成	
		清除10KV司田线#1-#3杆线路通道内树障	李锦泉	2013-08-14	2013-08-14	新会供电局/司前供电所	局部观察		已完成	
		更换10kV鸣乔线新第配电房新第配变	李锦泉	2013-08-13	2013-08-13	新会供电局/司前供电所	局部观察		已完成	
		大和站台区低压线路改造（放线、架设导线）.	李锦泉	2013-08-08	2013-08-08	新会供电局/司前供电所	局部观察		已完成	
		10kV#1电容器组5717DR刀闸二次线拆除	林炯	2013-08-21	2013-08-21	变电管理一所/继保自动化五..	局部观察		未完成	
		向东站110kV向中线、向东站#1、2主变二次设备专业巡视	施明	2013-08-19	2013-08-30	变电管理一所/继保自动化二..	局部观察		未完成	

图 3-59

2. 新增任务观察记录

观察人员根据安全员新增任务，通过系统菜单“安全风险管理>任务观察管理>任务观察计划执行”单击图标填写任务观察记录，也可以根据系统菜单“安全风险管理>任务观察管理>任务观察记录”新增临时的任务观察记录（见图3-60）。

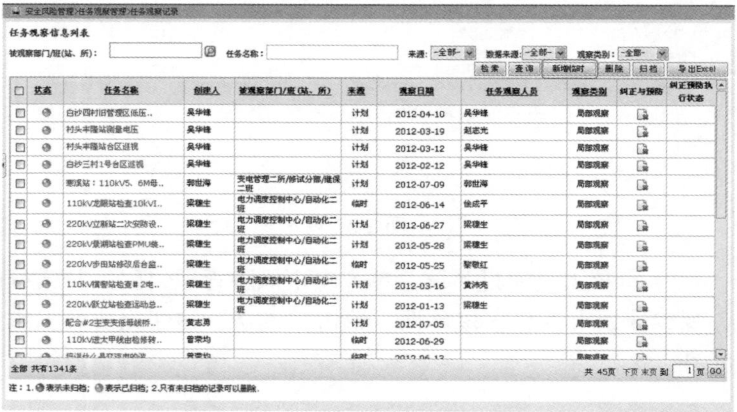

	状态	任务名称	创建人	被观察部门/班(站、所)	来源	观察日期	任务观察人员	观察类别	纠正与预防	纠正预防执行状态
		白沙四村旧管理区低压..	吴华锋		计划	2012-04-10	吴华锋	局部观察		
		村头丰隆站测量电压	吴华锋		计划	2012-03-19	赵志光	局部观察		
		村头丰隆站台区巡视	吴华锋		计划	2012-03-12	吴华锋	局部观察		
		白沙三村1号台区巡视	吴华锋		计划	2012-02-12	吴华锋	局部观察		
		潮溪站：110kV5、6M母..	郭世海	变电管理二所/修试分部/继保二班	计划	2012-07-09	郭世海	局部观察		
		110kV龙眼站检查10kVI..	梁穗生	电力调度控制中心/自动化二班	临时	2012-06-14	徐成平	局部观察		
		220kV立新站二次安防设..	梁穗生	电力调度控制中心/自动化二班	计划	2012-06-27	梁穗生	局部观察		
		220kV景湖站检查PMU装..	梁穗生	电力调度控制中心/自动化二班	计划	2012-05-28	梁穗生	局部观察		
		220kV步田站修改后台监..	梁穗生	电力调度控制中心/自动化二班	临时	2012-05-25	黎敬红	局部观察		
		110kV横窖站检查#2电..	梁穗生	电力调度控制中心/自动化二班	计划	2012-03-16	黄沛亮	局部观察		
		220kV跃立站检查远动总..	梁穗生	电力调度控制中心/自动化二班	计划	2012-01-13	梁穗生	局部观察		
		配合#2主变变低母线桥..	黄志勇		计划	2012-07-05		局部观察		
		110kV进大甲线由检修转..	曾荣均		临时	2012-06-29		局部观察		

图 3-60

3. 关联纠正与预防单

观察人员通过在对任务观察记录中发现的问题可以关联纠正与预防单（见图3-61）。

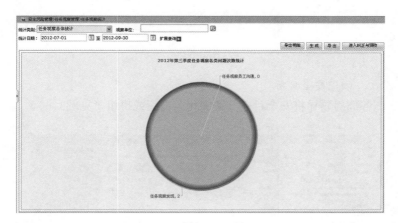

图 3-61

4. 查看任务观察情况

安监部领导根据系统菜单"安全风险管理>任务观察管理>任务观察统计"查看全局任务，观察全局情况（见图3-62）。

图 3-62

3.2.3　安全目标管理

3.2.3.1　流程描述

安全生产目标由省公司在年初下发给地市局领导，由地市局领导发送给安监部，安监部将安全生产目标分解至各部门，各部门将本部门的安全生产目标分解至各分部，各分部再将本分部的安全目标分解至各班组，再由班组将安全生产目标责任书签订到个人。安全生产责任制的考核细则由省公司下发，地市局汇总形成正式的考核细则，各部门根据安全生产目标考核细则进行自评，并反馈到地市局安监部。

3.2.3.2　系统实现过程

1. 编制安全目标

安监部领导通过系统菜单"安全目标管理>年度安全目标管理>安全目标编制"单击"新增"按钮新增安全目标（见图3–63）。

图 3-63

2. 细化安全目标

各部门领导将安全目标分解细化至部门或班组（见图3–64）。

图 3-64

3. 分解安全目标签订责任书

各部门人员或班组人员根据系统菜单"安全目标管理>安全目标分解>安全生产目标责任书签订"分解下发安全目标签订责任书

（见图3–65）。

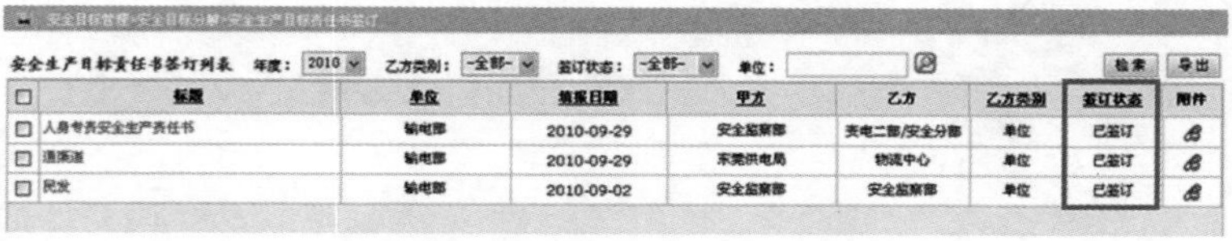

安全目标管理>安全目标分解>安全生产目标责任书签订
安全生产目标责任书签订列表 年度： 2010 乙方类别： -全部- 签订状态： -全部- 单位：
检索 导出
标题
单位
填报日期
甲方
乙方
乙方类别
签订状态
附件
人身专责安全生产责任书
输电部
2010-09-29
安全监察部
变电二部/安全分部
单位
已签订
输电部
2010-09-29
东莞供电局
物流中心
单位
已签订
民发
输电部
2010-09-02
安全监察部
安全监察部
单位
已签订

图 3-65

4 数据质量要求

本章根据国网公司对数据质量的要求，按照生产技术管理、安全管理、调度管理三个业务模块对各个模块的数据质量指标进行详细介绍，包括数据完备性、数据准确性、录入及时率、办结率等。

4.1 生产技术管理

4.1.1 缺陷

（1）数据完备性（数据完备率不低于99%）：检查已结束缺陷单数据必填项信息填写的完整性。必填项有："缺陷来源""设备""发现时间""发现人""缺陷表象""缺陷类别""缺陷描述""严重等级""处理结果""措施""消缺班组""消缺时间""验收时间""验收人""缺陷原因""缺陷部位"等。

（2）数据规范性（数据规范性不低于95%）：检查流程已结束缺陷单数据填写的规范性，检查项至少包括设备缺陷信息是否来自缺陷库、发现时间是否晚于填报时间、填报时间是否晚于消缺时间、消缺时间是否晚于验收时间。

（3）数据准确性（数据准确率不低于95%）。检查流程已结束缺陷的必填项数据，包括紧急缺陷（3条）、重大缺陷（3条）、一般缺陷（4条），检查缺陷单填写内容是否准确。

（4）录入及时率（缺陷录入及时率不低于95%）。检查某月缺陷上报及时率。以信息系统自动记录的缺陷上报时间与实际发现时间的时间间隔来考核缺陷的录入及时率。紧急缺陷录入时限为12h；重大缺陷为24h；一般缺陷为48h。紧急缺陷、重大缺陷、一般缺陷上报及时率为100%。

（5）验收及时率（验收及时率不低于95%）。检查某月缺陷验收及时率。以信息系统自动记录的缺陷消缺时间与实际验收时间的时间间隔来考核缺陷的验收及时率，缺陷验收的闭环时限为2个工作日（延期提供佐证）。紧急缺陷、重大缺陷、一般缺陷验收及时率为100%。

（6）缺陷与生产周计划关联率（关联率不低于80%）。检查某月已消缺的重大及一般缺陷与周计划的关联率，不包括即时处理缺陷（发现后24h内消除的缺陷）。

4.1.2 工作票

（1）数据完备性（数据完备率不低于99%）。检查已终结工作票的必填项是否填写完整。必填项有"是否是外来单位""计划开始时间""单位和班组""计划结束时间""工作班人员""工作任务""工作地点""工作结束时间""工作负责人"等。

（2）数据规范性（规范率不低于95%）。检查已终结工作票的必填项是否填写规范。

（3）数据准确性（准确率不低于95%）。检查归档后的工作票，检查工作票填写内容是否与系统一致。

（4）工作票办结率（办结率不低于95%）。检查"工作票工作计划终结时间+2个工作日（以计划工作终结时间为准，放宽2天作为办结的考核时间）"在本月的工作票是否在本月结束之前办结（系统中延期、取消、未上报、删除的工作票除外）。

4.1.3 检修

（1）数据完备性（数据完备率不低于99%）。检查已结束检修单数据必填项信息填写的完整性。检查流程已结束检修单数据必填项填写的完整性。必填项有"工作部门""工作地点""工作性质""工作内容""工作结果""工作负责人""工作成员""计划开始时间""计划结束时间""实际开始时间""实际结束时间""确认时间"等。

（2）数据准确性（准确率不低于95%）。检查检修工单填写内容是否规范、准确，包括计划开始时间是否早于实际开始时间。

（3）检修工单回填及时率（要求及时率达到95%以上）。检查"实际结束时间+2个工作日（以计划工作终结时间为准，放宽2天作为办结的考核时间）"在本月的检修工单是否在系统中录入归档。

4.1.4　生产计划管理

（1）数据完备性（数据完备率不低于99%）。检查已终结生产计划的必填项是否填写完整（计划项目至少包括预试、定检、巡视、维护、消缺、验收等）。必填项有"工作内容""工作地点""计划开始日期""计划结束日期""工作班组/单位"等。

（2）数据规范性（规范率不低于95%）。检查已终结生产计划的必填项是否填写规范（计划项目至少包括预试、定检、巡视、维护、消缺、验收等）

（3）计划完成率（周计划完成情况不低于90%、月计划完成情况不低于90%）。检查生产月计划应用情况，月计划是否在计划时间内完成，不包括取消计划、因停电延期的计划；检查生产周计划应用情况，周计划是否在计划时间内完成，不包括取消计划、因停电延期的计划。

（4）工作计划评价率（评价完成率不低于95%）。检查"工单的实际完成时间+7天（以计划工作终结时间为准，放宽2天作为办结的考核时间）"在当月的工单是否在系统完成评价。

4.2　安全管理

4.2.1　安全风险管理

（1）纠正与预防办结率（办结率在80%及以上）。检查某月纠正预防办结率，要求"实际结束时间+3天回填时间（以计划工作终结时间为准，放宽2天作为办结的考核时间）"在本月的执行措施是否在本月前审批结束。

（2）任务观察记录办结率（办结率在80%及以上）。检查某月任务管理记录办结率，检查"观察时间+3天回填时间"在本月的任务观察记录是否在本月前归档。

（3）纠正与预防及时率（及时率在80%及以上）。检查某月纠正与预防回填及时率，检查"预计结束时间+3天回填时间"在本月执行措施单的"实际结束日期"是否在"预计结束时间"之前。

（4）任务观察记录及时率（及时率在80%及以上）。检查某月任务观察记录回填及时率，检查"计划观察结束时间+3天回填时间"在本月任务观察记录单的"观察时间"是否在"计划观察结束时间"之前。

（5）数据完备性（数据完备率不低于99%）。

1）纠正与预防。抽查系统中纠正与预防流程已结束的10条数据，若不足10条，则检查全部数据。检查系统中必填项填写的完整性。必填项有"问题来源""报告类别""问题类型""不符合主题""执行项""责任部门""责任人"等。

2）安全评估与控制管理/关键任务分析上报、安全评估与控制管理/区域内部基准风险评估、风险体系审核管理、变化管理、任务观察管理数据：检查最近5个月每个模块必填项内容填写的完整性。必填项如下：

a．安全评估与控制管理/关键任务分析上报："任务名称""工种"。

b．安全评估与控制管理/区域内部基准风险评估："评估时间""工种""任务名称"。

c．风险体系审核管理（审核计划）："计划名称""计划开始时间""计划结束时间""审核类别"。

d．风险体系审核管理（审核报告）："审核报告名称""审核员""审核时间""报告日期"。

e．变化管理："变化主题""变化类别""发生部门""发生日期""报告日期"。

f．任务观察管理："任务名称""观察类别"。

（6）数据准确性（数据准确率不得低于80%）。

1）纠正与预防：抽查系统中纠正与预防流程已结束的10条数据，若不足10条，则检查全部数据。检查系统中必填项填写的准确性。

2）安全评估与控制管理/关键任务分析上报、安全评估与控制管理/区域内部基准风险评估、风险体系审核管理、变化管理、任务观察管理数据：检查最近5个月每个模块数据必填项内容填写的准确性。

4.2.2 安全督察管理

（1）数据完备性（数据完备率不低于99%）。检查必填项信息是否完整，必填项如下：

1）安全检查管理>安全检查工作编制。"检查主题""检查类型""来源""创建日期""计划开始日期""计划结束日期""登记部门""登记人""被检查单位""工作安排""检查主要内容""检查项目""检查内容"。

2）安全督察工作管理>督察日志。"督察单位""督察日期""督察地点""风险时间""风险类型""施工内容""风险类型""项目管理单位""督察形式""督察方式""督察类别""督察人员""检查项""督察分类""被督察单位类型""督察量"。

（2）数据准确性（数据准确率不得低于80%）。检查必填项信息是否准确。

（3）数据一致性。

1）安全检查管理（要求数量、内容一致）。检查最近5个月系统中是否有安全检查数据，并且工作数量、内容是否与实际情况一致。

2）安全督察工作管理/督察简报（要求全部执行，若有2项或超过2项未执行或内容不一致，则不达标）。检查最近5个月某月的月督察计划是否全部执行，工作内容与督察简报是否一致(外在因素造成的延期或取消不考核)。

3）安全督察工作管理/督察日志（要求数据一致，若有8条或超过8条合格，则通过）。在最近5个月的每个月随机抽取2条数据，检查这10条督察日志是否与督察周报或督察月报记录数据一致。

（4）流程办结率（要求2个月及2个月以上的流程办结率均达到80%以上）。检查某3个月安全检查管理流程到期办结率是否达到80%以上，检查最近3个月违章通知书、处罚通知书流程到期办结率是否均已达到80%以上。

（5）上报完成率（要求4个月及4个月以上的上报完成率达90%及以上）。检查安全检查管理/安全区代表检查中最近5个月所有安全区代表检查区域是否在每月30号均上报了安全区代表检查记录。

4.3 调度管理

检查中调下发的反措单在系统的填报时间是否在要求上报时间之前。